U0281403

给孩子讲中国航天

嫦娥月球探测器

夏光 著　孙超 绘

電子工業出版社·
Publishing House of Electronics Industry
北京·BEIJING

说起月亮，你会想到什么？是不是会想到月亮不断变化的形状，就像在变魔术。其实，月亮不会发光，它看起来很明亮，是因为它把照到自己身上的太阳光反射到了地球上。月球是科学家对它的称呼。

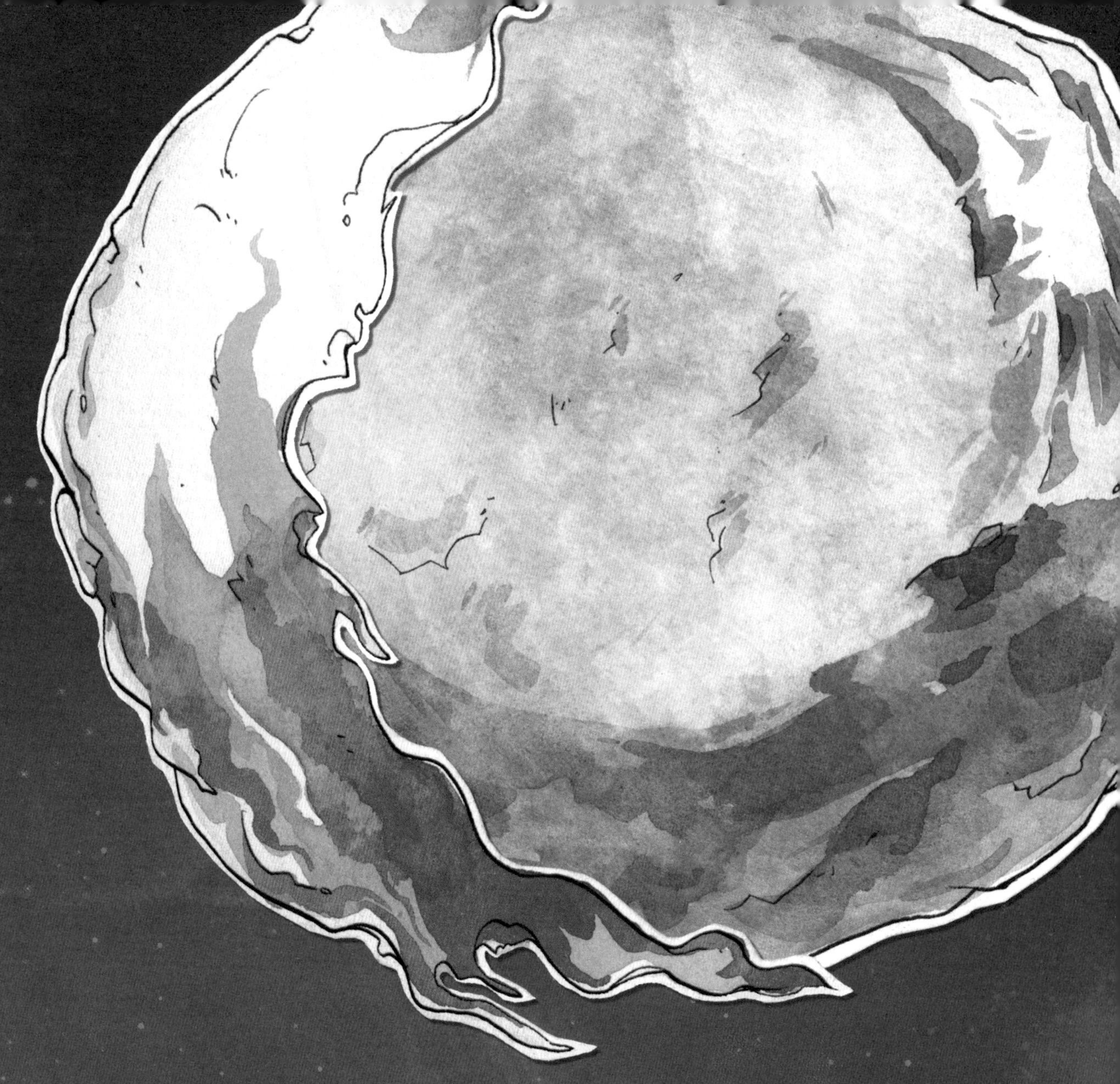

月球是距离地球最近的天体。它的表面没有大气，也没有液态水，而且白天和夜里的温差特别大。在白天，月球表面像烤箱里一样热；到了夜里，月球表面变得比冰箱冷冻室还要冷。

科学家想了解月球的很多方面，比如月球是怎么形成的。

“俘获说”

月球是在绕着太阳转动时被地球捕获形成的。

“分裂说”

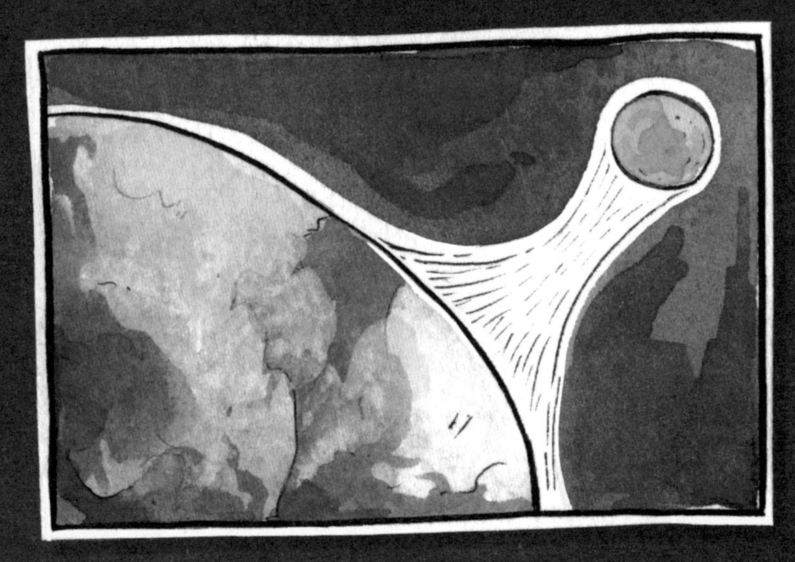

月球是从早期转得很快的地球中分裂出来形成的。

“同源说”

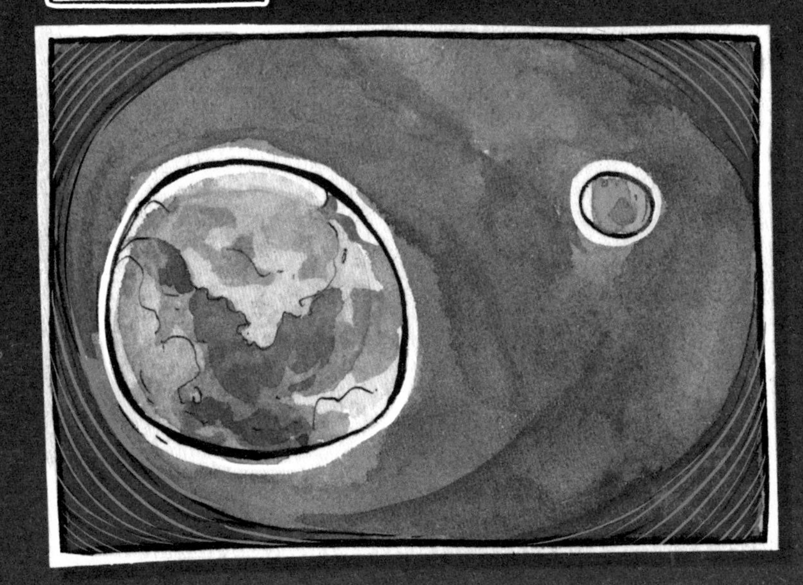

月球是与地球相伴一起形成的。

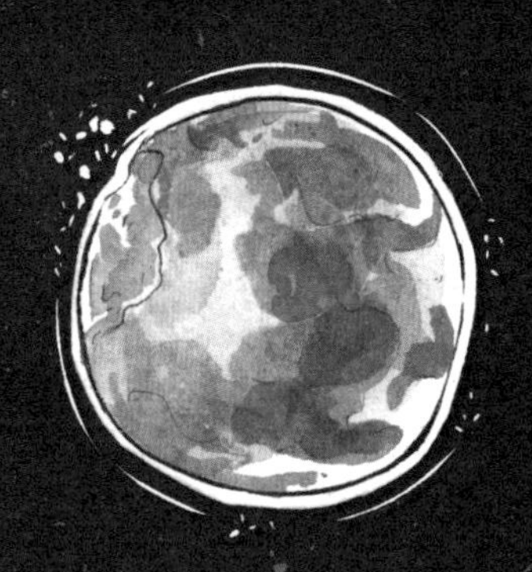

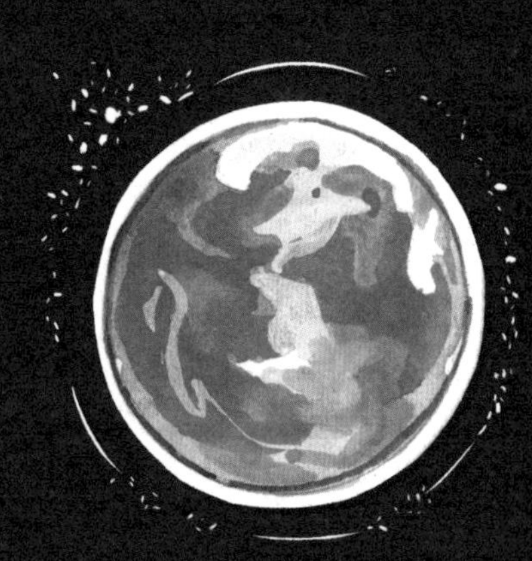

“撞击说”

地球遭到撞击后产生的碎块聚在一起形成了月球。

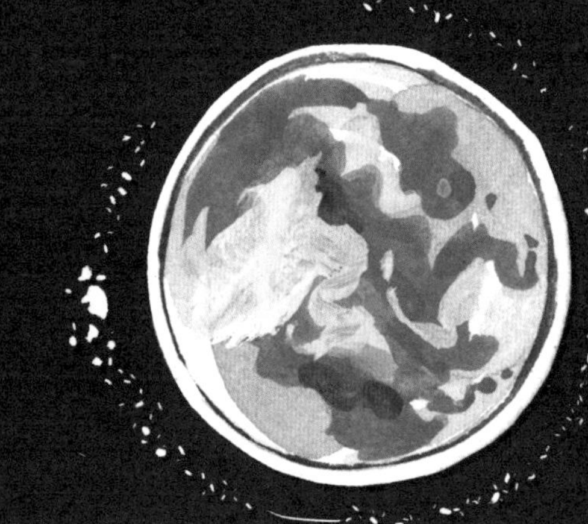

现在，人们普遍认为“撞击说”更有道理。

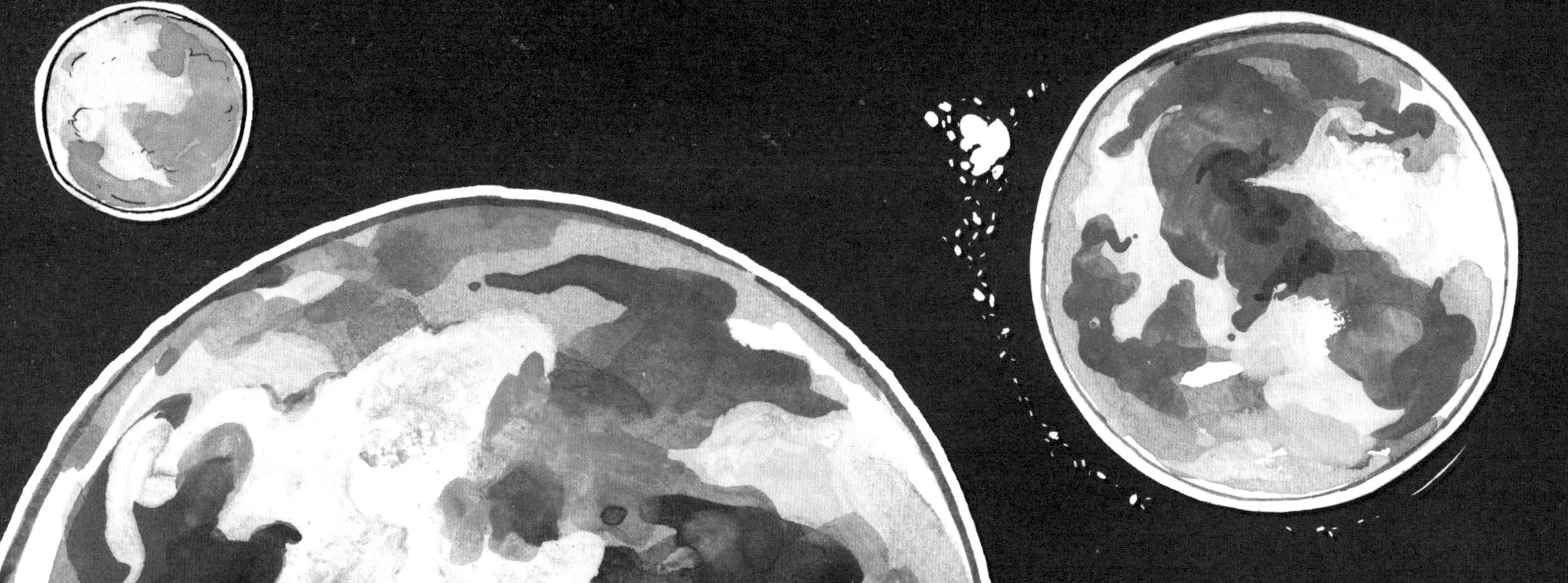

月球离我们很遥远，我们的眼睛只能看到月球大致的样子。有了望远镜，我们看到的月球更清楚了。

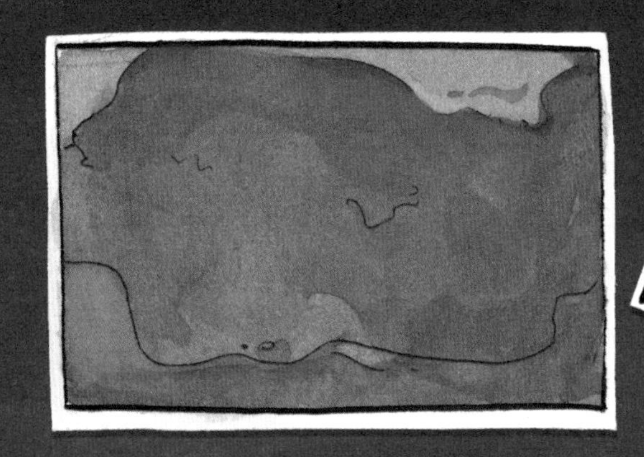

月海是月球表面比较暗的地方。它里面并没有水，地势也比较平坦。

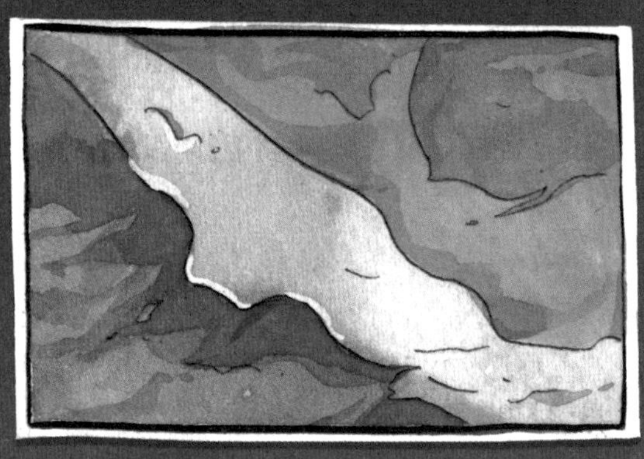

月陆比月海高，所以看起来比月海亮很多。

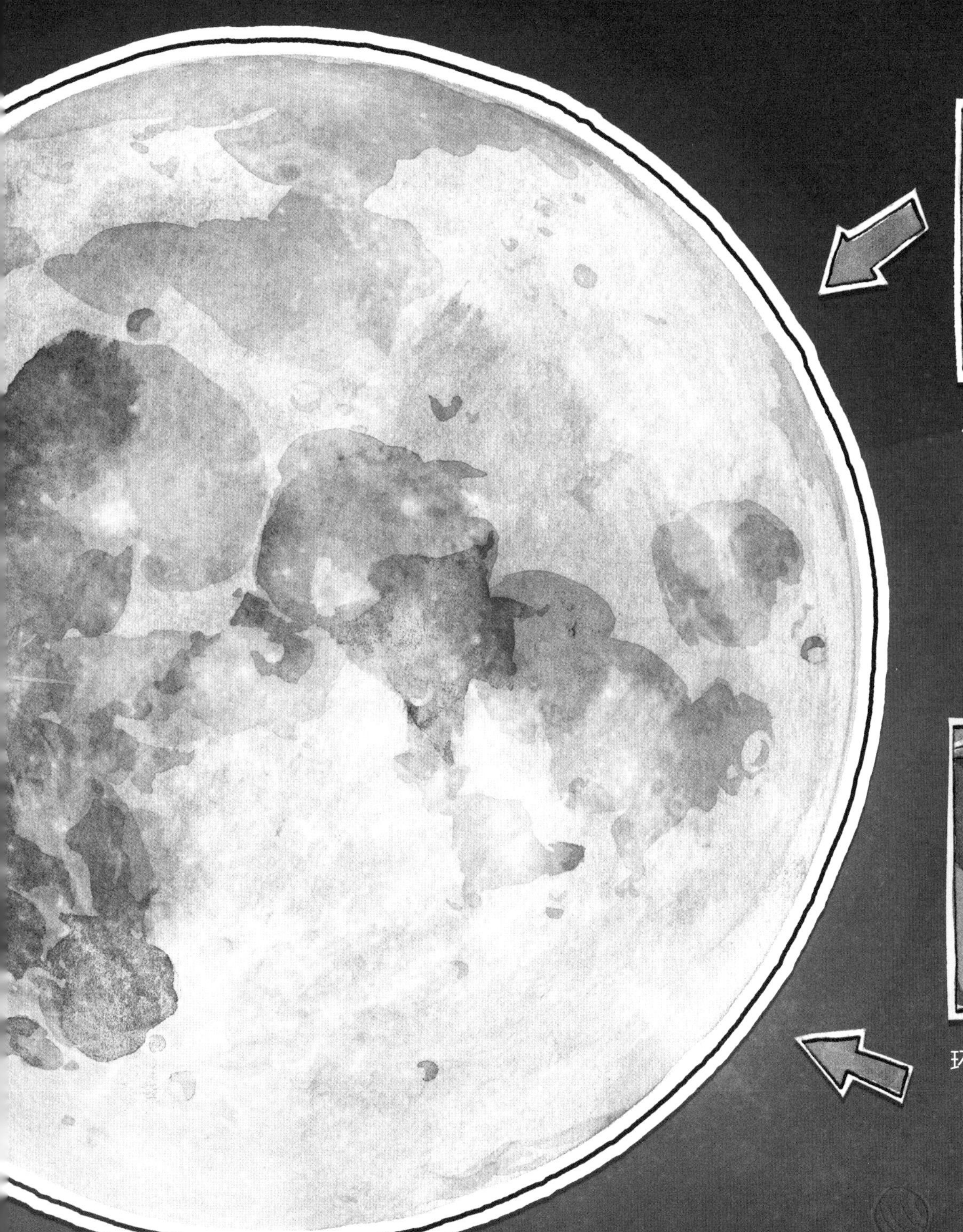

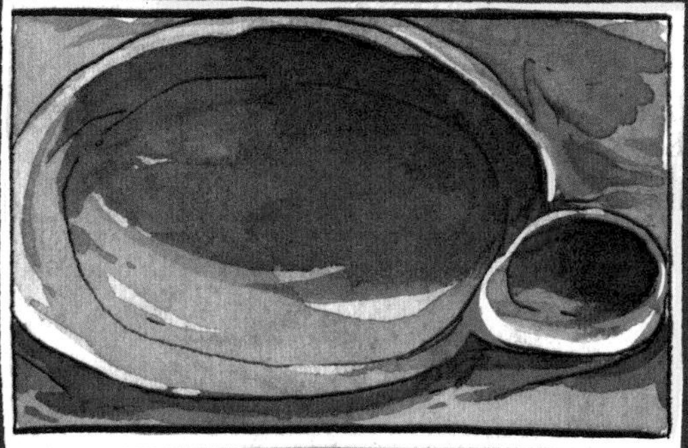

月球表面上大大小小的凹坑就是月坑。

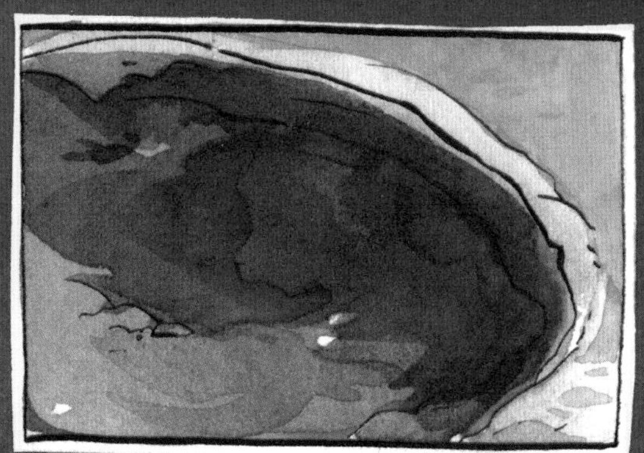

环绕月坑周围的是环形山。

人们想让望远镜离月球更近一些，或者直接把望远镜放到月球上，于是出现了月球探测。人们把这样的“望远镜”叫作“月球探测器”。

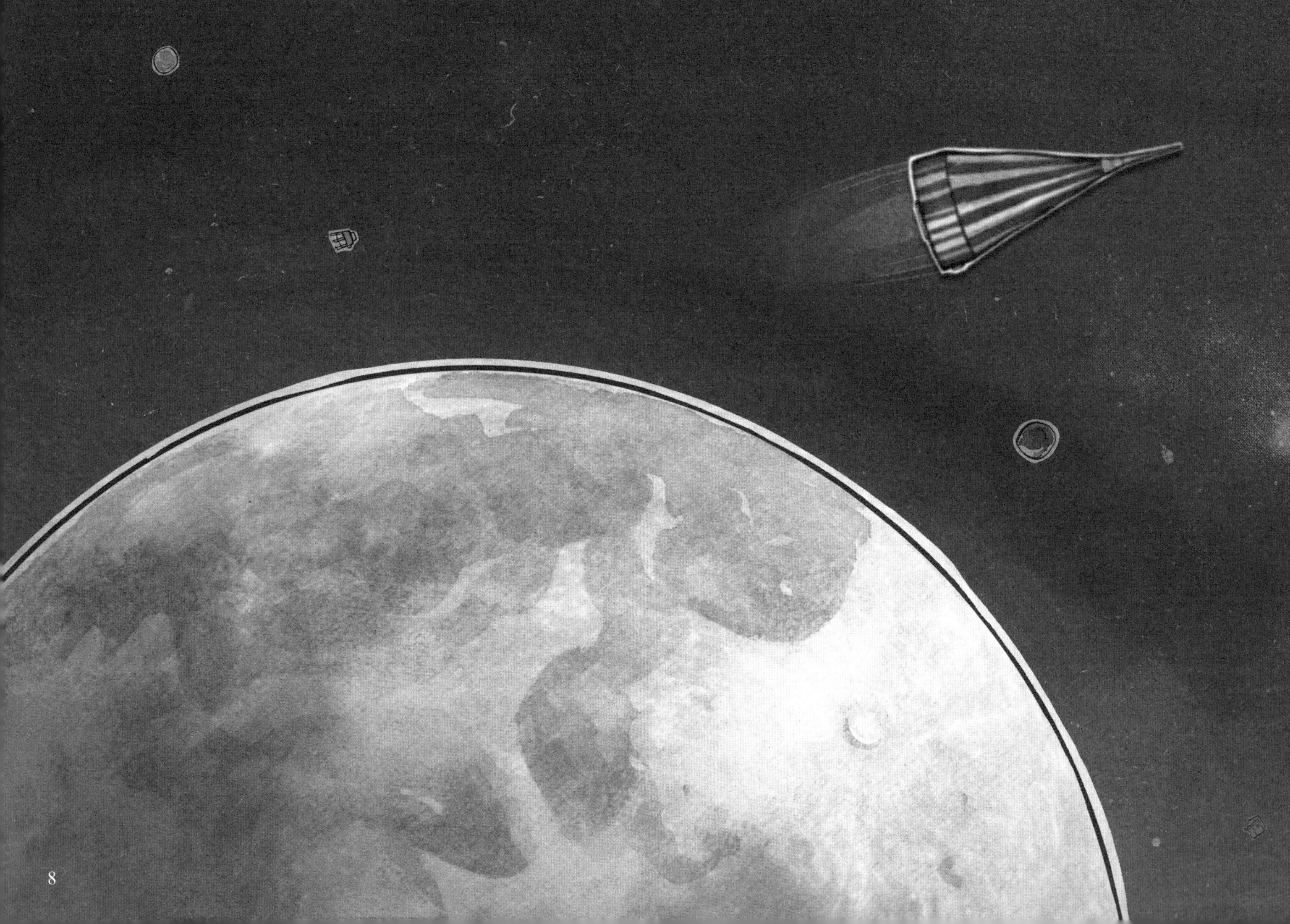

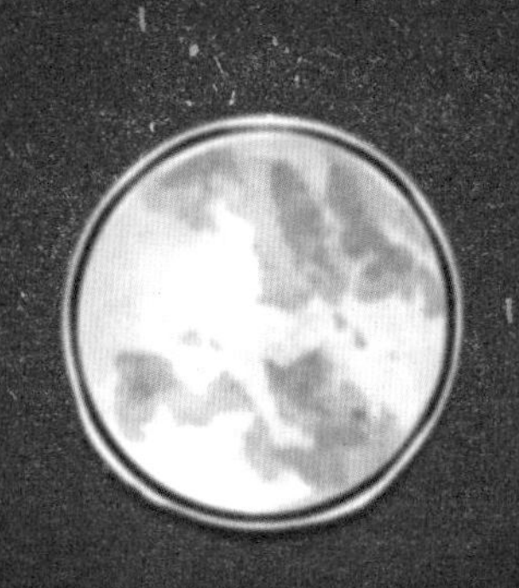

最初的时候，人们只能让月球探测器在离月球比较远的地方飞行，给月球拍远景照片，了解月球周围的环境。

后来，人们想让月球探测器和月球近距离接触，也就是让探测器撞到月球上，这就是人们所说的硬着陆。

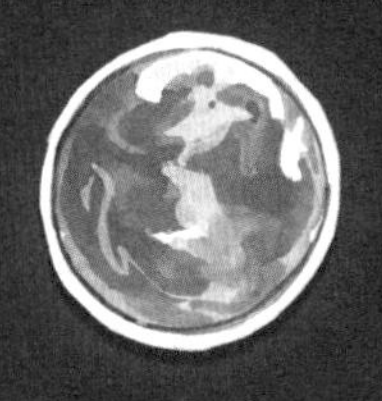

撞月过程

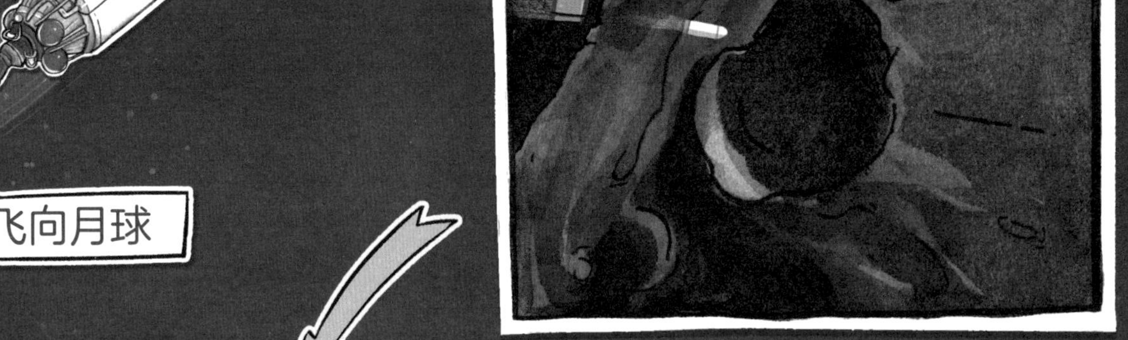

发射探测器的火箭的上面级和探测器一前一后撞向月球

飞向月球

火箭上面级撞到月球上

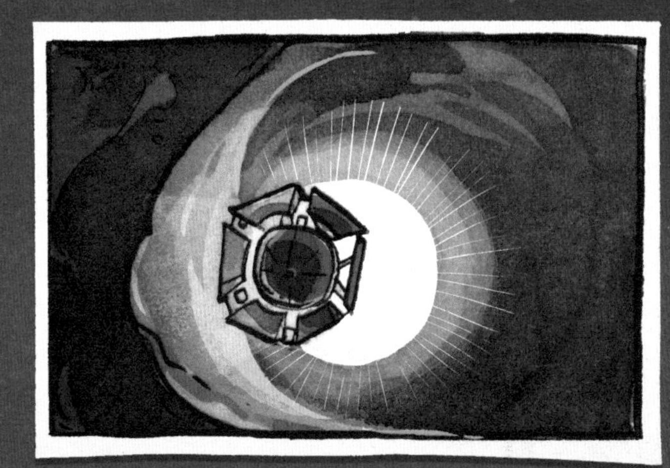

探测器即将撞到月球

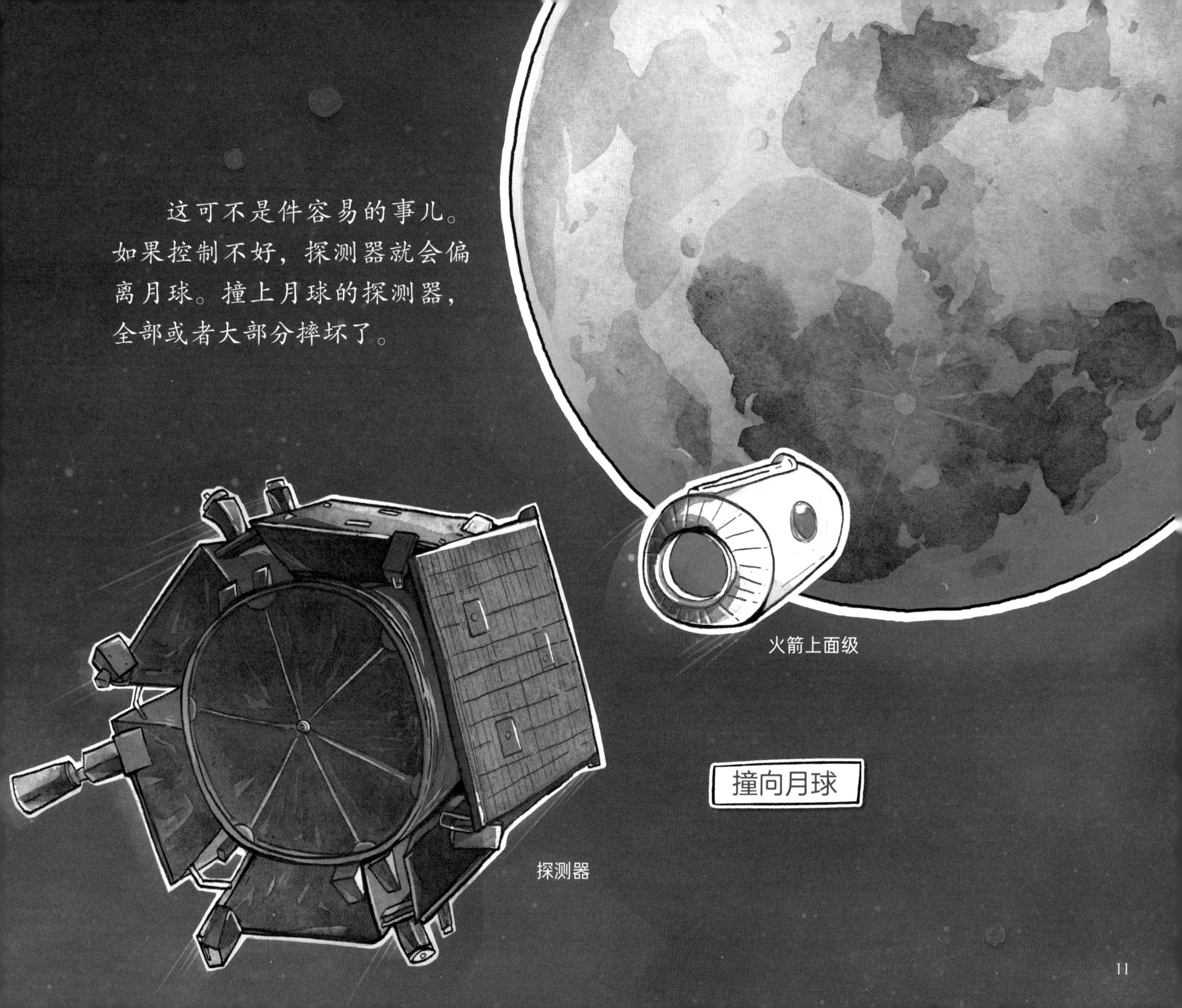

这可不是件容易的事儿。如果控制不好，探测器就会偏离月球。撞上月球的探测器，全部或者大部分摔坏了。

在人们的努力下，出现了更厉害的月球探测器，它们可以绕着月球飞。中国的嫦娥一号和嫦娥二号就是这样的探测器。

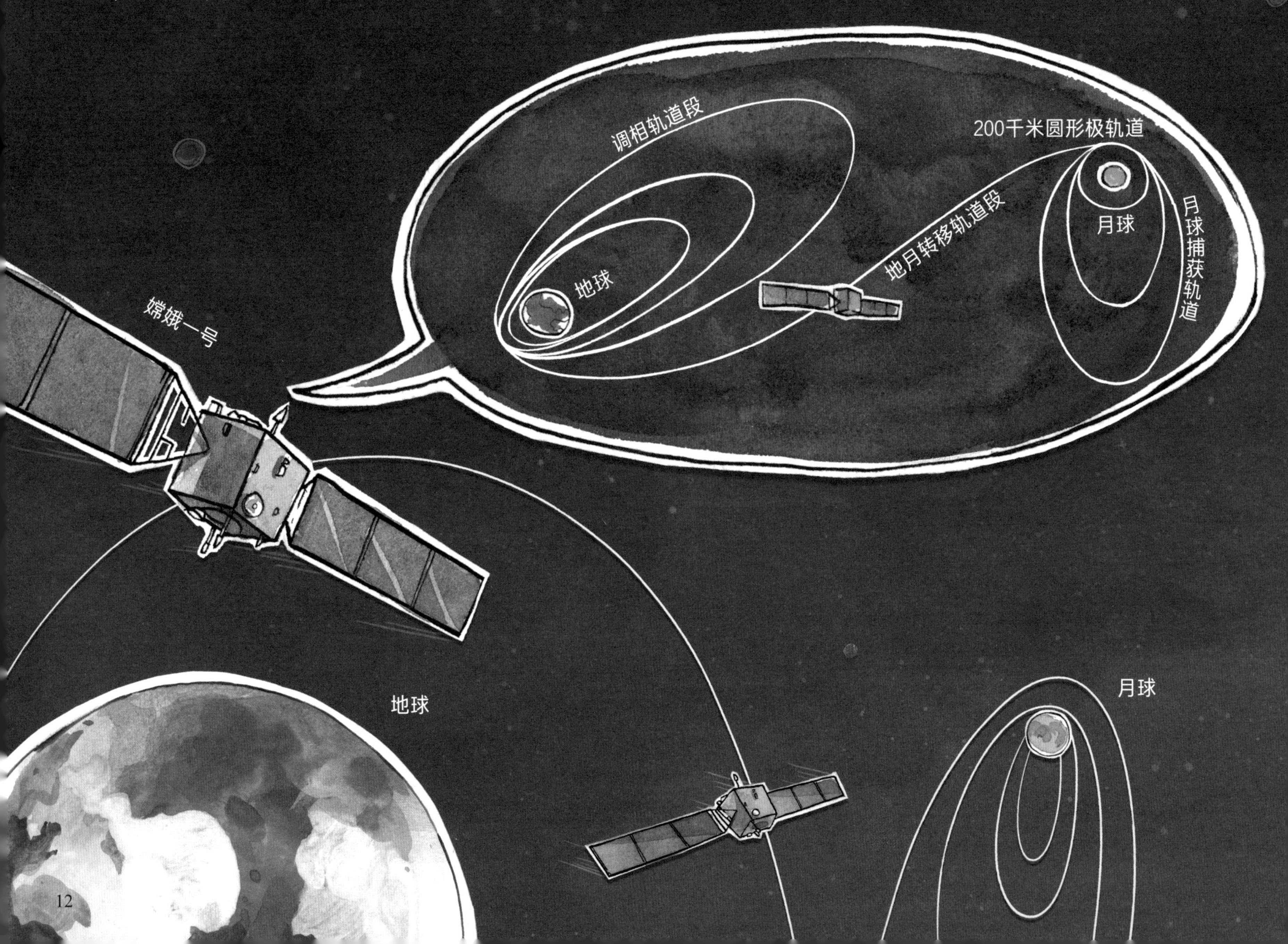

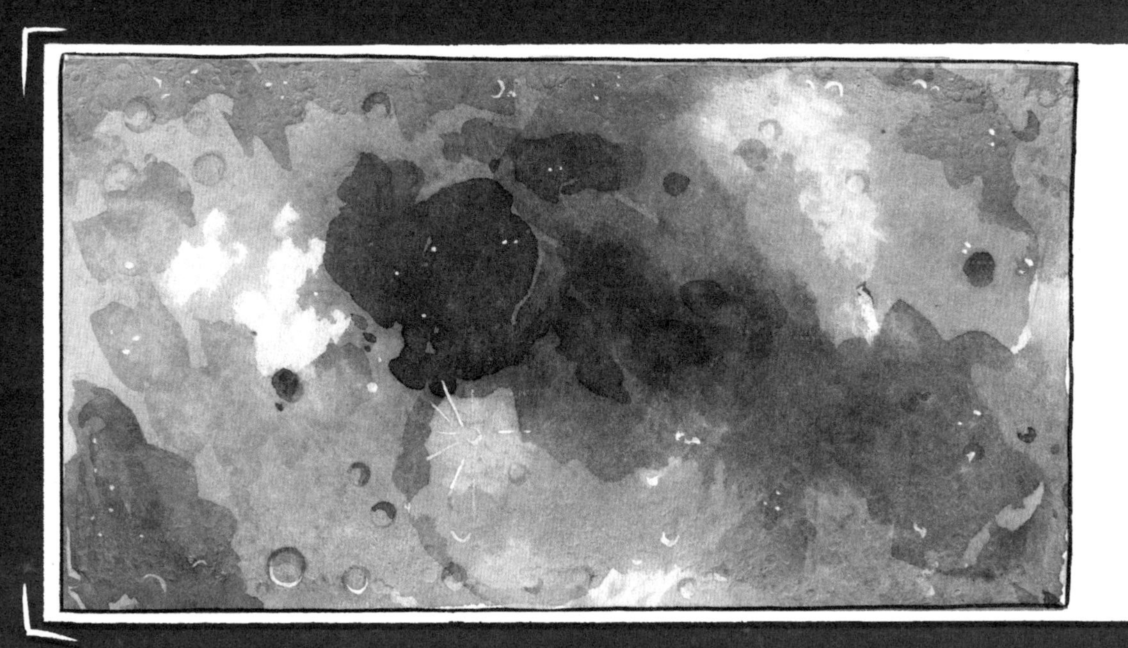

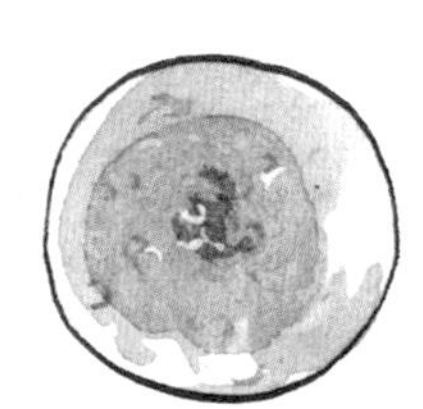

月球北极

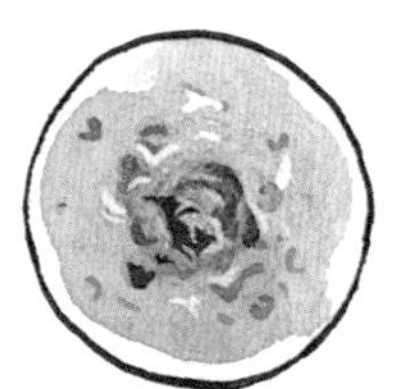

月球南极

嫦娥一号是中国第 1 个月球探测器，它给月球表面画出了全身像。在完成自己的工作后，嫦娥一号在人们的指挥下撞向月球。

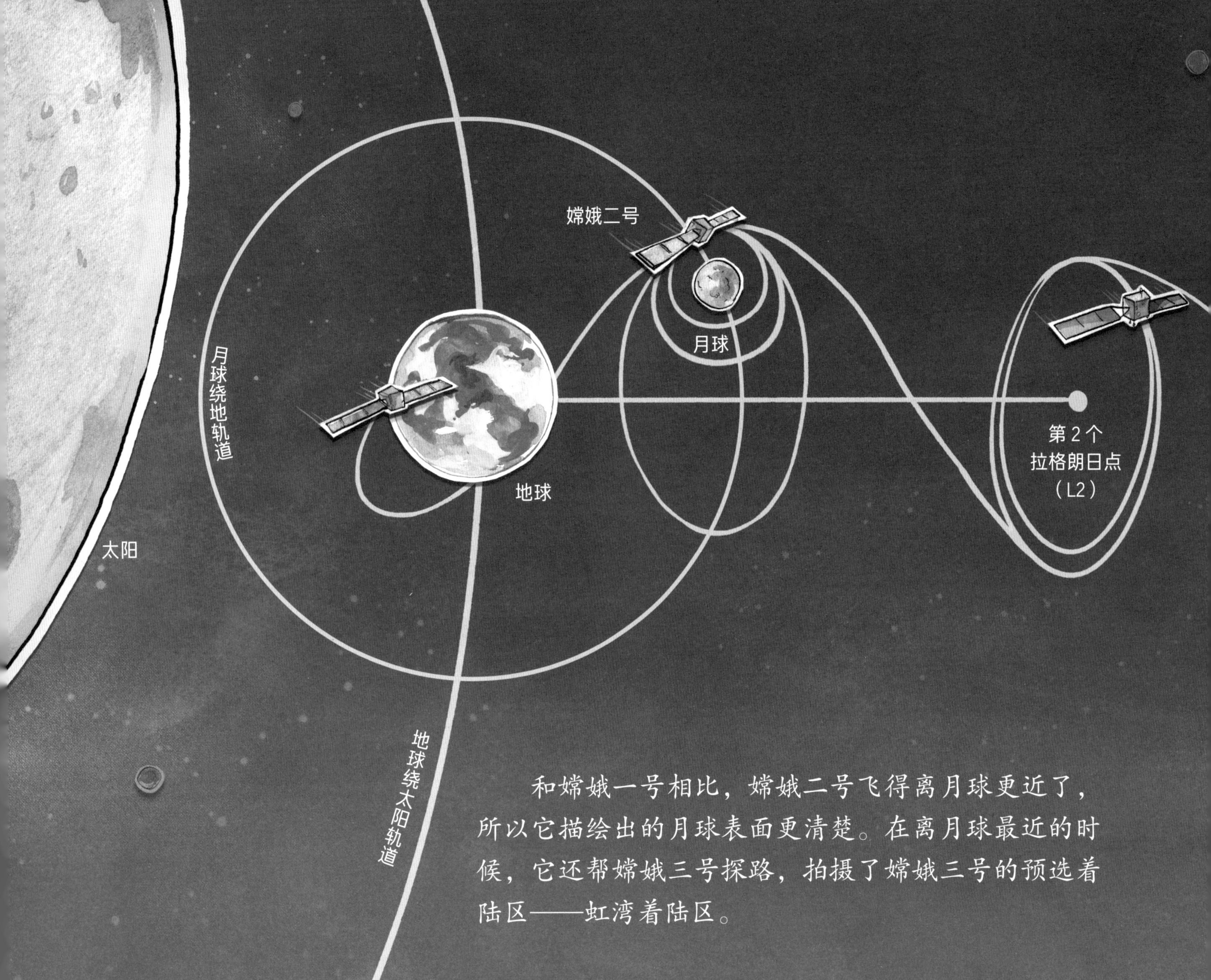

和嫦娥一号相比，嫦娥二号飞得离月球更近了，所以它描绘出的月球表面更清楚。在离月球最近的时候，它还帮嫦娥三号探路，拍摄了嫦娥三号的预选着陆区——虹湾着陆区。

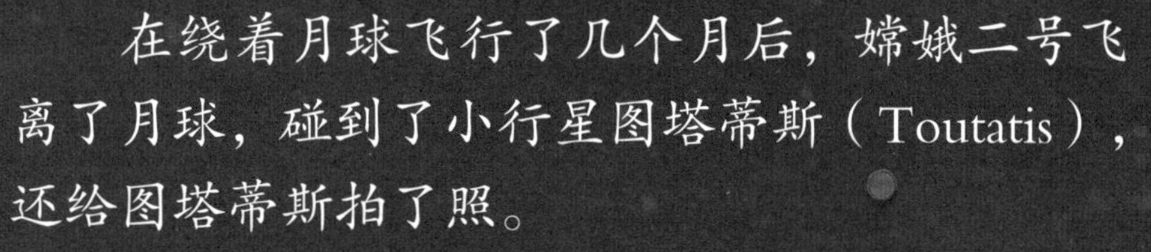

在绕着月球飞行了几个月后，嫦娥二号飞离了月球，碰到了小行星图塔蒂斯（Toutatis），还给图塔蒂斯拍了照。

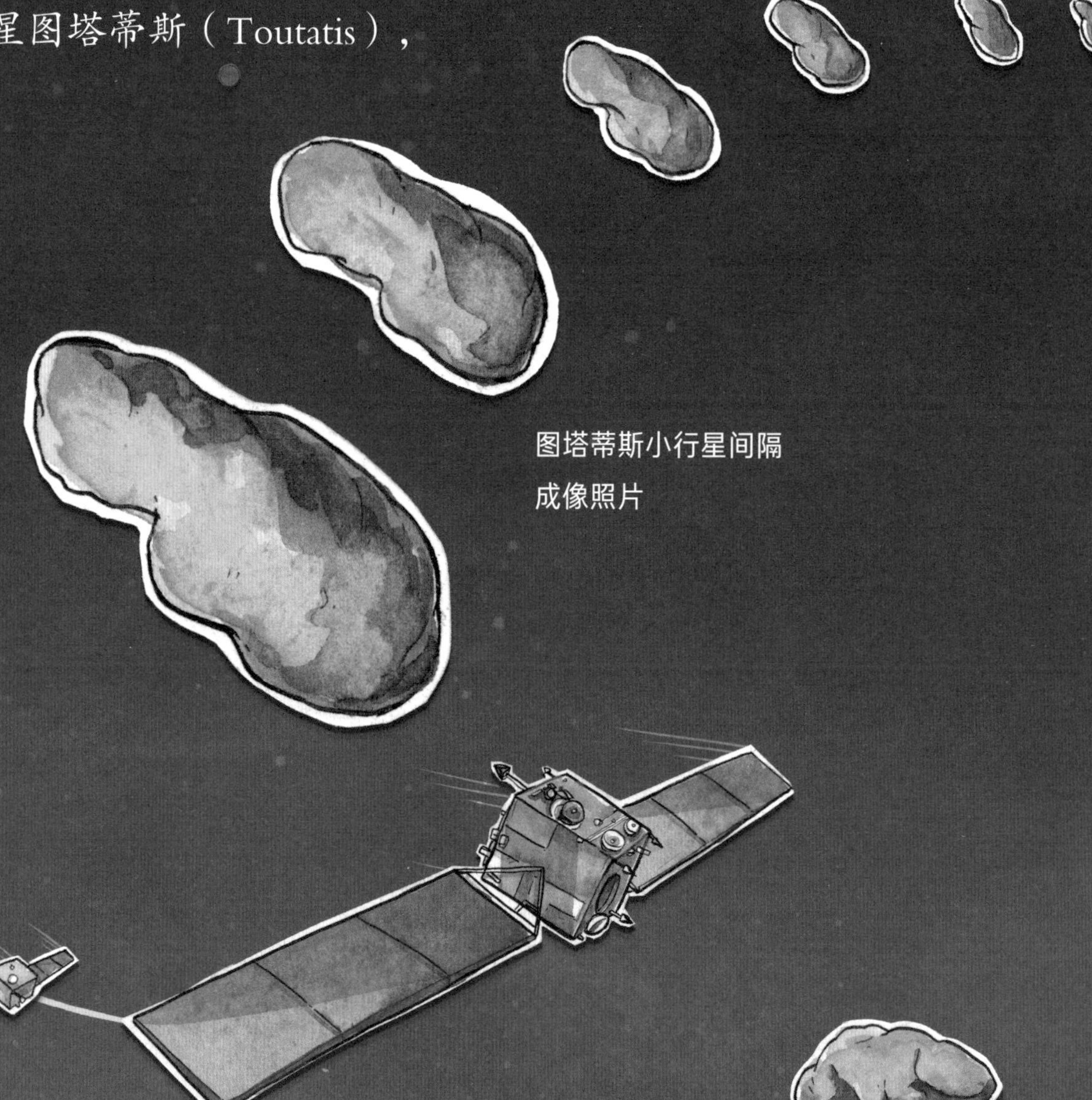

为了让月球探测器落在月球上之后还能工作，人们想到了更好的办法，就是软着陆。在月球上软着陆之后，不能移动的探测器叫着陆器。着陆器观察到的月球范围有限，于是，人们又设计出了可以在月球上移动的巡视器，也就是月球车。

嫦娥三号探测器软着陆过程

嫦娥三号着陆区——虹湾

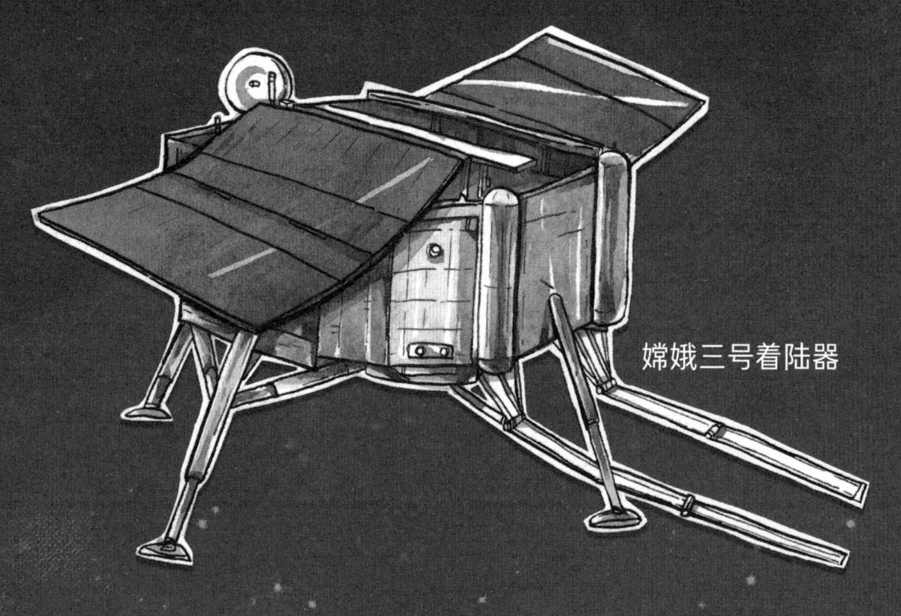

嫦娥三号着陆器

玉兔一号巡视器

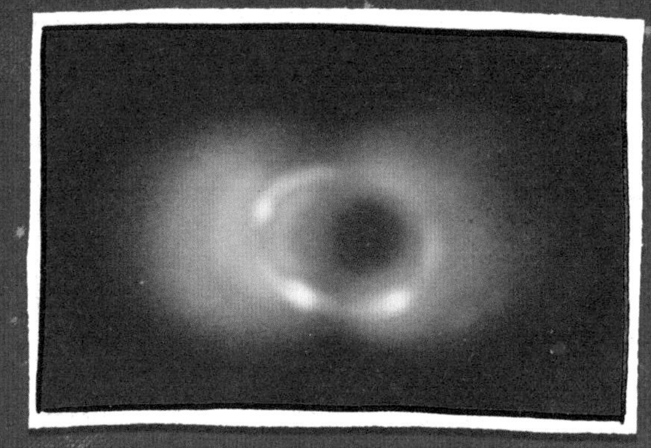

等离子体

月壤和岩石

嫦娥三号着陆器在没有大气和污染的月球上看到了更清楚、更遥远的星空，还观测了地球赤道附近的等离子体，帮助我们了解空间天气的变化。藏在玉兔一号巡视器下面的测月雷达，穿透月壤的本领特别强，获得了很多月壤和岩石的信息。

科学家会为月球探测器选择更容易着陆的地方。包括嫦娥三号在内的很多探测器，都是在月球的正面着陆的，也就是在地球上能看到的那一面。其实，人们也想更加了解月球的背面，嫦娥四号探测器帮人们实现了这个愿望，它成为世界上第 1 个在月球背面软着陆的探测器。

月球背面地下结构

月球背面是月球永远背对着地球的那一面，我们在地球上是看不到的。嫦娥四号探测器成功地降落在月球的背面。嫦娥四号着陆器和玉兔二号巡视器给人们展示了以前从来没有看到过的月球背面地下结构。

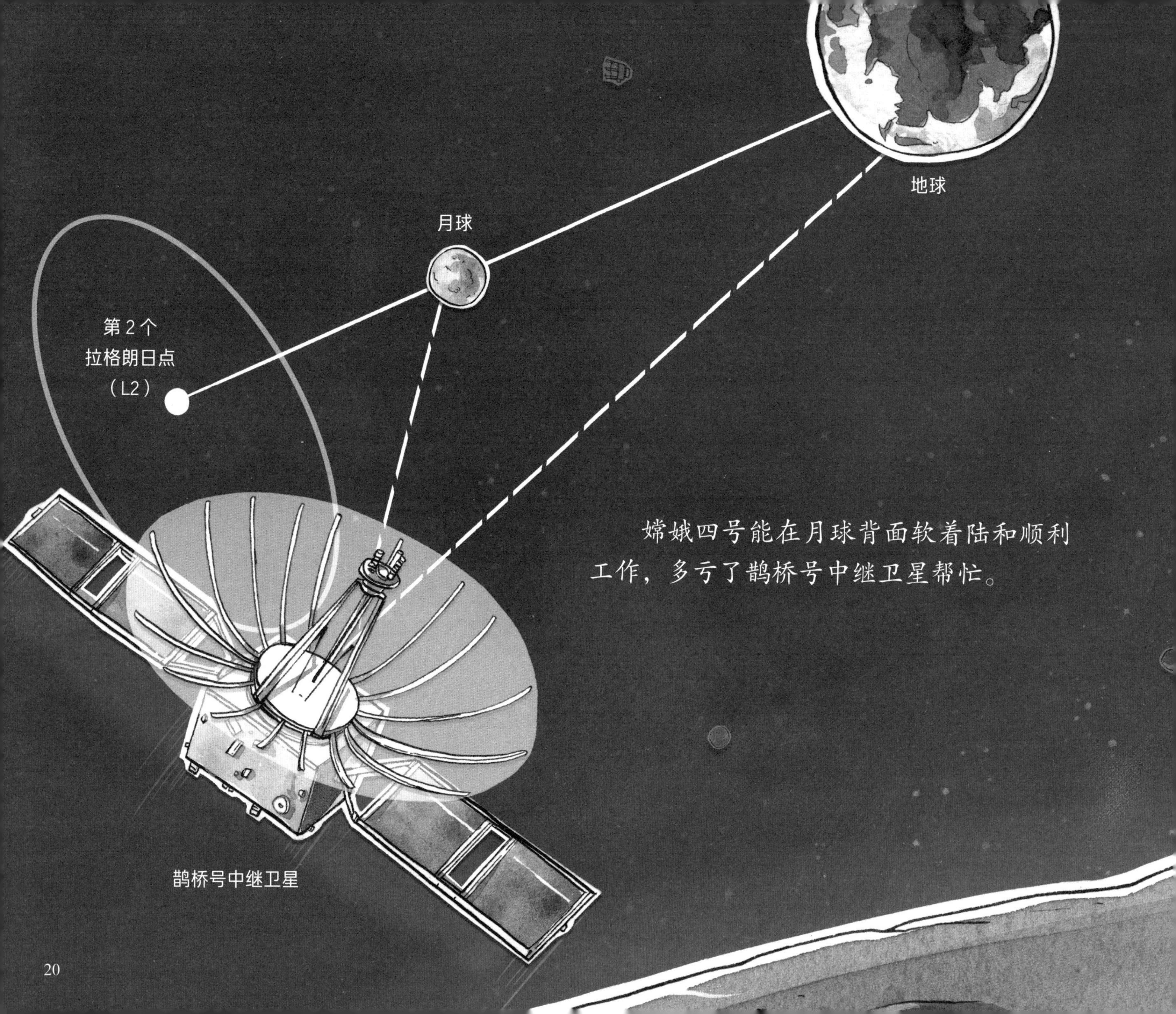

嫦娥四号能在月球背面软着陆和顺利工作，多亏了鹊桥号中继卫星帮忙。

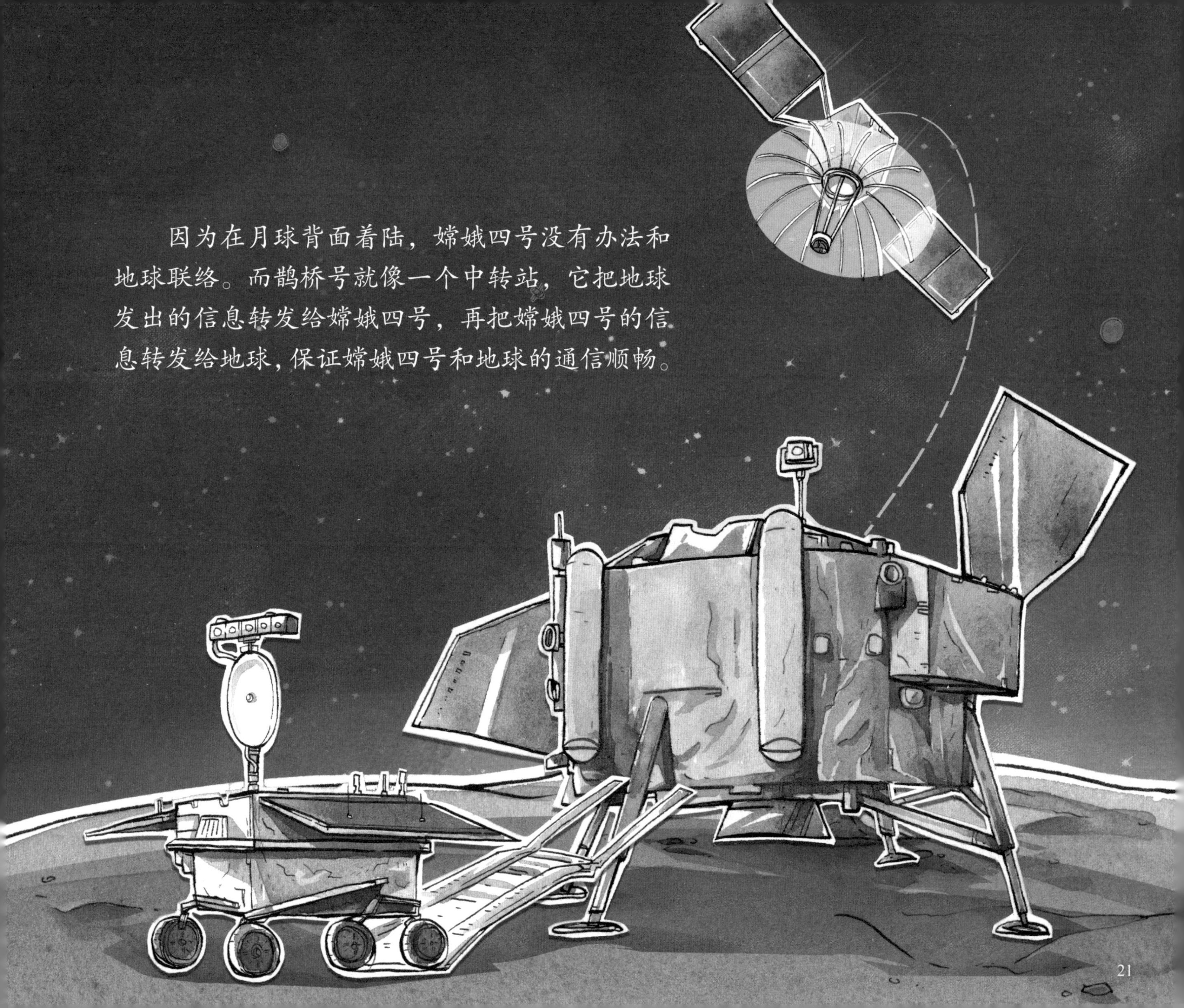

因为在月球背面着陆，嫦娥四号没有办法和地球联络。而鹊桥号就像一个中转站，它把地球发出的信息转发给嫦娥四号，再把嫦娥四号的信息转发给地球，保证嫦娥四号和地球的通信顺畅。

嫦娥五号探测器要完成新的月球探测任务，就是在月球表面软着陆后自动采集月岩和月壤样品，再带回地球交给科学家研究。

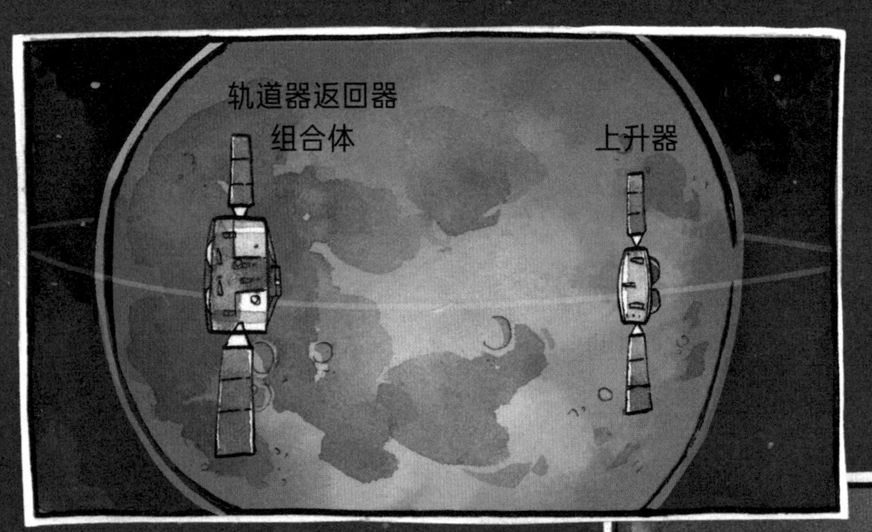

交会对接

带回地球的月壤

自动采样

在嫦娥五号发射之前，它的小伙伴嫦娥五号 T1 试验器先帮它练习了一下返回地球的过程。

上升器

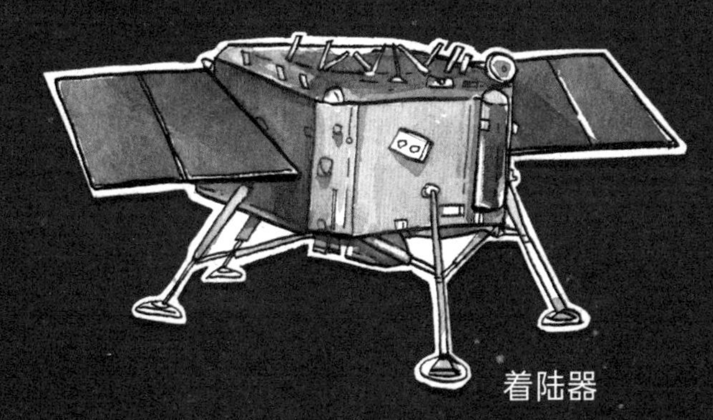

着陆器

返回器

轨道器

除了月球探测器登陆过月球，我们人类也去过那里。美国航天员阿姆斯特朗是第 1 个登上月球的人。另外，还有 11 名美国航天员去过月球做客。现在，普通人也想亲自去月球上看看。

关于研制什么样的航天器重返月球，有很多不同的想法。如果是你，会选择哪个呢？

其实，人们最大的愿望是建立月球基地，在月球上长时间地生活。

为了能更好地保证人类在月球上的安全，有人提出发射月球轨道空间站，先在绕着月球飞行的空间站上生活一段时间，这样能更好地适应月球的环境。

在人们看来，月球是一个巨大的宝藏。在月球上可以开采岩石、月壤和矿物，获得硅、铝、钛、铁等资源；可以开发氦-3，建造核电站。人们还想利用照射在月球上的太阳光发电，为地球提供电能；或者把月球当作中转站，从月球去更远的太空旅行。

人类探测月球的过程分为无人探测、载人探测和建立月球基地 3 个阶段。中国的探月工程称为嫦娥工程，现在处于无人探测阶段。

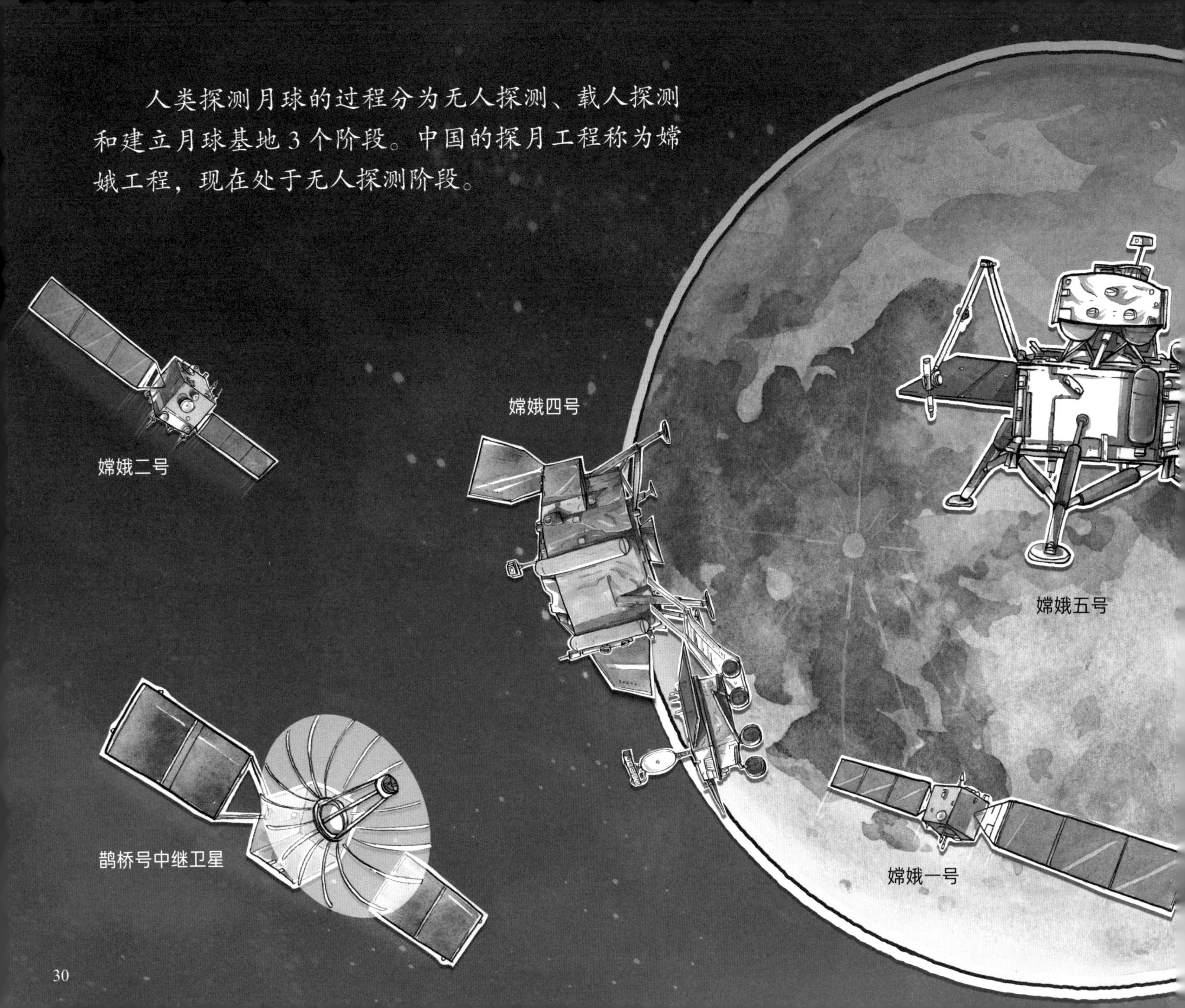

如果有一天你去月球上旅行，你想在月球上做什么？想不想建造自己的月球基地呢？

图书在版编目（CIP）数据
给孩子讲中国航天. 嫦娥月球探测器 / 夏光著；孙超绘. -- 北京：电子工业出版社，2022.11
ISBN 978-7-121-42672-8

Ⅰ. ①给… Ⅱ. ①夏… ②孙… Ⅲ. ①航天－儿童读物②月球探测器－儿童读物 Ⅳ. ①V4-49②V476.3-49

中国版本图书馆CIP数据核字（2022）第112414号

责任编辑：朱思霖
印　　刷：北京尚唐印刷包装有限公司
装　　订：北京尚唐印刷包装有限公司
出版发行：电子工业出版社
　　　　　北京市海淀区万寿路173信箱　邮编：100036
开　　本：889×1194　1/16　印张：6　字数：20.7千字
版　　次：2022年11月第1版
印　　次：2024年12月第5次印刷
定　　价：135.00元（全3册）

凡所购买电子工业出版社图书有缺损问题，请向购买书店调换。若书店售缺，请与本社发行部联系。联系及邮购电话：（010）88254888，88258888。
质量投诉请发邮件至 zlts@phei.com.cn，盗版侵权举报请发邮件至 dbqq@phei.com.cn。
本书咨询联系方式：（010）88254161转1859，zhusl@phei.com.cn。